U0204335

# 荒野求生技能手册

7

YEWAI CHANGJIAN ZHIMING ZHIWU

## 野外常见致命植物

[英] 贝尔·格里尔斯 著　邢立达　译

接力出版社
Publishing House

本套"荒野求生技能手册"专为各位年轻冒险家打造，以确保大家在野外的安全。野外的植物多种多样，其中一些相当有用，但有的非常危险。本书将教授读者如何识别野外常见的危险植物。请注意，千万不能食用野生植物，除非可以百分之百保证安全。小心总比后悔好！

Bear

# 目 录

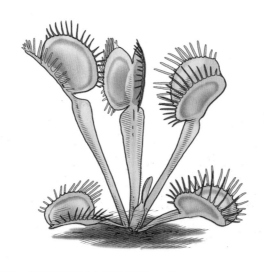

# 了解植物

　　探索的旅途中可能会遇到各种各样的植物。其中一些对冒险大有助益，但也有一些能要人性命，所以多多学习植物的知识十分重要，既能保证安全，也能帮助你利用有价值的植物。掌握基本知识之后，你就能利用植物来寻找水源、代替药物、建造庇护所和填饱肚子。植物也非常有趣，学习起来令人愉悦。准确识别植物需要多年学习，所以不是百分之百确定的时候就不要乱碰。

## 贝尔的话

如果有兴趣学习如何在野外寻找食物，那最好选择专家教授的正规课程。

### ■ 植物安全知识

★ 碰触植物之前一定要询问了解这种植物的大人。

★ 和狗一起外出冒险的时候，不要让它靠近植物。

★ 碰触植物之后，吃东西前要洗手。

★ 任何植物都不能轻易入口，除非擅长寻找食物和辨别植物的大人确定它们可以安全食用。

★ 注意尖刺或锋利的叶片边缘。经常有人忍不住要抚摸高高的芦苇或草叶，结果被割伤。

★ 在水边的时候要小心，有时候水藻会让池塘看起来像草地。

☆ 不要揉眼睛，有些花粉的刺激性很强。

接触长草时要小心谨慎

碰触植物之后一定要洗手

一定要询问大人

# 植物的自卫方式

　　植物不能逃跑，因此演化出了防止自己被动物吃掉或毁损的武器。它们也是多才多艺的机灵鬼，比如，仙人掌的刺既可以用来遮挡阳光和保温，又可以用以自卫。

## 枝刺

　　枝刺实际上是变形的树枝，它们演化成了又硬又尖的结构。其中有将水分和养分传遍植物全身的小管。

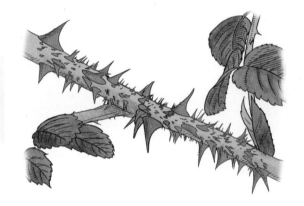

## 叶刺

　　叶刺是由叶片演化而来，通常含有传输水分和营养的小管。有人认为枝刺和叶刺应分为一类，因为它们十分相似。

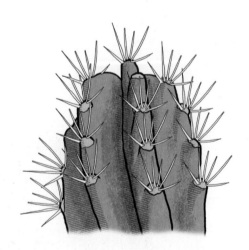

## 表皮刺

　　表皮刺和极粗的毛发有些相似，其中没有输送管，而且比枝刺和叶刺更容易去除。玫瑰只有表皮刺而没有枝刺。

玫瑰的表皮刺

## 神经毒素

　　阳桃含有可以置肾病患者于死地的化学物质。健康人可以顺利地排出这种毒素，但它们会在肾病患者体内蓄积，并最终进入脑部。严重中毒可能致死，因此肾病患者不能贪吃这种属于普通人的美味。

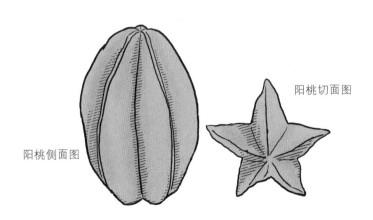

阳桃切面图

阳桃侧面图

# 刺激性的植物

## 大戟

（危险指数 ★★★）

这种植物含有可以刺激皮肤的乳胶样汁液。有人接触后没有异常，但也有人会起疹子、长水疱、疼痛，甚至留下永久性瘢痕。不同种类的大戟可能会引发不同的症状，因为某些大戟的刺激性更强。汁液进入眼睛时，最严重的症状可以致盲。乳胶过敏患者更有可能发生严重反应。受到大戟的刺激时应向大人求助。他们可能会使用抗组胺药（治疗花粉过敏的药物）来消除瘙痒。汁液进入眼睛时请大人帮你冲洗眼睛，并决定是否需要就医。

## 天竺葵

（危险指数 ★★）

这种植物非常常见，一般最多引起轻度皮疹。天竺葵在英国的大部分花园中都有种植，也常用作室内植物。但有些人在打理天竺葵的时候需要戴手套。

## 荨麻

（危险指数 ★★）

　　荨麻在很多国家都广为分布，大多数乡间小道和路边都有荨麻的身影。幼儿通常很早就认识这种植物，因为他们通常和荨麻差不多高，而且跌倒在荨麻丛里的话会让他们疼痛不堪。荨麻的小毛刺会折断在皮肤里，并释放出引起瘙痒和皮疹的化学物质。被扎到之后可以寻找酸模叶，它们通常就生长在荨麻附近，而且含有可以中和荨麻毒素的物质，还可以镇静皮肤。伤者可以用酸模叶摩擦起疹子的部位。

用酸模叶摩擦
起疹子的部位

## 贝尔的话

　　被植物扎伤之后一定要告诉大人，尤其是在出现皮疹或感觉不适的时候。如果症状没有好转，那就要继续向大人求助。

# 扎人的植物

有些植物锐利无比，可以重伤碰触它们的人，甚至可以损害人体的器官。

## 贝尔的话

有人告诉你某种植物很危险的时候就不要手贱，虽然摸摸它们到底有多锋利的确很有吸引力，但疼痛的伤口可以毁掉愉快的一天。

## 仙人掌

（危险指数 ★★）

北美洲的墨西哥和落基山脉中生长着大量的仙人掌，它们也在澳大利亚、地中海和南非扎根。仙人掌的果子可以食用，但必须仔细剥皮！皮上的刺可以用火烧净。墨西哥传统医学中会用仙人掌的果肉和汁液治疗伤口以及消化道和泌尿系统炎症。

## 圆柱仙人掌

（危险指数 ★★★）

这种植物有时也被称为"泰迪熊仙人掌"，因为它们毛茸茸的小枝丫很像泰迪熊的手臂。虽然拥有可爱的外表，不过这些家伙可不适合搂搂抱抱。路人擦身而过的时候，一些茎干会掉到人身上，它们的刺扎人特别疼。一段一段的侧枝很容易从主干上脱落，这就是它们的繁殖方式：脱落的部分落地就能生根，还能让路过的动物帮助它们向远方传播。在沙漠中旅行时，你可能会见到这种仙人掌。

## 非洲荆棘树（金合欢）

（危险指数　★）

金合欢为阻止掠食者而演化出了可怕的尖刺。这种武器效果相当不错，金合欢在它们的保护下可以长到 6 米高。不过长颈鹿、大象和长颈羚之类的高个儿动物依然会以金合欢为食。长颈羚的特殊骨骼结构让它们可以用后肢站一整天！

## 蒺藜

（危险指数　★★）

蒺藜险恶的尖角果子可以刺穿自行车胎和较薄的鞋底。它们的叶片和茎干可以让家畜中毒，果子还会刺伤身体。世界上的很多干燥地区都生长着蒺藜，它们可以适应大多数植物都不能生存的环境。

# 有毒的植物

## 毒参

（危险指数 ★★★★★）

　　这种伞形科的开花植物毒性极强。它们有时候会被称为"魔鬼的粥"。世界上很多排水不良的土壤中都生长着毒参，比如溪流、水沟或路边。成人吃下6—8片叶子（甚至是少许种子或根）就会中毒身亡。它们会麻痹呼吸肌，因此救治患者时可以用呼吸机维持呼吸2—3日，直至毒性消退。

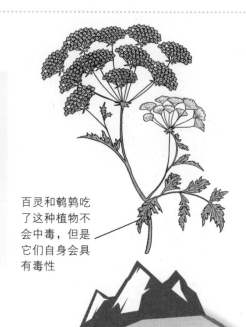

百灵和鹌鹑吃了这种植物不会中毒，但是它们自身会具有毒性

## 贝尔的话

　　毒参很像无毒的峨参。不能确定的时候千万不要触摸！不小心触摸毒参后应立即洗手。

## 毒芹

（危险指数 ★★★★★）

　　毒芹和毒参的外观和名称都很相似，因此经常被人混淆。它们唯一的差别就是根部。毒芹也含有毒素，可以导致抽搐，有时还会致命。这是北美毒性最强的植物之一。怀疑有人误食毒芹或毒参时必须立即送医。

## 苏格拉底

　　苏格拉底是一位古希腊哲学家，他给雅典带来了自由辩论的新风尚。但是很多人都不喜欢他，他最后被关进了监狱，并被判处死刑。古希腊人经常用毒参来处决死刑犯。相传，苏格拉底在公元前 399 年喝下了毒参水而离开了人世。

有毒的植物

# 颠茄

（危险指数　★★★★★）

　　颠茄属于茄科植物，该科还包括番茄和土豆。颠茄的分布范围西至英国，东至伊朗的部分地区，美国和加拿大的一些地方也有出现。颠茄叶片和浆果的毒性尤其强烈，可以引起令人难受的幻觉。它们诱人的外表很有迷惑性，但实际上毒性极强，有人在食用颠茄之后中毒。毒性最强的部位通常是根部。奇怪的是，牛和兔子似乎不会中毒。

　　颠茄也叫美女草，人们曾经为了扩大瞳孔而将它的汁液滴进眼睛，好让自己看起来更加有魅力。不幸的是，这也会带来包括失明在内的可怕的副作用，因此该法已经不再有人使用。

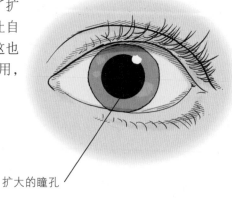

扩大的瞳孔

2012 年，有人发现一位德国僧侣在树林里裸体游荡。原来他在露营的时候吃了颠茄浆果，导致意识模糊。大家把他送进了医院治疗。

## 贝尔的话

过去有很多药方里都含有颠茄。现在大家依然会从颠茄中提取化学物质来生产安全的药物。

一位母亲吃了火腿三明治之后就开始出现幻觉。她后来发现是因为女儿使用的阿托品（从颠茄中提取的眼药）打翻在冰箱里，药水滴到了肉上。

有毒的植物

1846 年，一位采药人卖了一些颠茄浆果给人做馅饼，结果酿成了悲剧：一名男子和一名 3 岁男孩被馅饼毒死。

## 白蛇根草

（危险指数　★★★★★）

白蛇根草生长在美洲的部分地区，其中含有佩兰毒素。奶牛食用这种植物后，毒素会进入牛肉和牛奶中。被污染的牛奶会让人类得"乳毒病"。在改变牛奶的生产方法和奶牛的饲养方法后，乳毒病已经基本消失了。

这头牛正在吃白蛇根草，
因此会受到污染

## 南希·汉克斯·林肯

南希是美国总统亚伯拉罕·林肯的母亲。她于 1818 年过世，留下了只有 9 岁的林肯，而杀死她的可能正是乳毒病。在发现罪魁祸首之前，美国中西部有成千上万的人因此而死。

有毒的植物

### 贝尔的话

白蛇根草这种致命的植物在美国也被称为富草、高兰草和白变豆菜。

### 白蛇根草的药用价值

白蛇根草虽然有毒，但也有一些益处。人们曾经用这种草泡的茶来治疗腹泻、发烧和肾结石。据说它们还能治疗某些蛇的咬伤。虽然很多植物都有药用价值，但绝对不能自行尝试。感觉不适的时候应立刻告诉大人，让他们为你想办法。

## 蓖麻子

（危险指数 ★★★★★）

蓖麻子是蓖麻的种子，此类植物生长在地中海、东非和印度等热带地区，也在很多其他地区作为观赏植物种植。蓖麻子可以用来榨蓖麻油，后者的用途很多，包括制造肥皂、染料、涂料和泻药。但蓖麻子中也含有蓖麻毒素。压碎种子榨油之后，蓖麻毒素就留在了残渣中。这是毒性最强的天然物质之一。不过人类很少会无意中让蓖麻毒素进入体内，因此中毒事件非常少见。

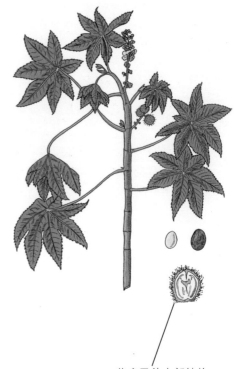

蓖麻子的内部结构

假蓖麻

## 贝尔的话

被称为假蓖麻的八角金盘和蓖麻非常相似，但其实它们没有亲缘关系。

蓖麻子的毒素通常可以通过食用、吸入或注射的方式进入人体。

① 食用。蓖麻毒素的催吐作用极强，因此大部分患者都会把蓖麻毒素吐出来（不过还是有人因食用蓖麻中毒身亡）。

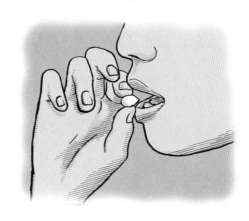

② 吸入。吸入少量蓖麻毒素即可致命，但它们的颗粒很大，只能在空中飘浮一小段距离。因此，意外吸入的可能性很小。

③ 注射（直接进入血液）。这种事故的可能性相当小。

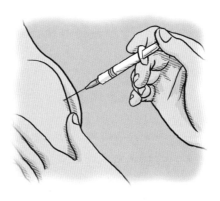

有毒的植物

## 乔治·马可夫

    1978年，保加利亚记者乔治·马可夫在前往伦敦BBC办公室的路上遇刺。当时他正在滑铁卢桥附近等待公交车，突然感到腿后传来一阵刺痛，回头时看到一名拿着雨伞的男子坐上了出租车。他当时就感觉不适，数日后离世。

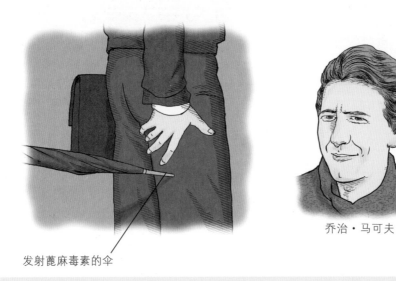

发射蓖麻毒素的伞

乔治·马可夫

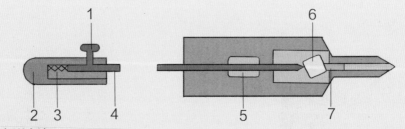

1. 伞柄的扳机
2. 伞柄
3. 推动联动装置的弹簧
4. 将扳机和阀门连接起来的联动装置
5. 压缩空气活塞
6. 触动阀门的开关
7. 从伞身中发射蓖麻毒素球的阀门

马可夫的腿里发现了一个圆珠笔尖大小的圆球，而且圆球上有个灌有蓖麻毒素的洞。洞口上密封着可以在血液里溶解的物质，于是圆球进入马可夫身体之后，就在血液里释放出了致命的毒素。

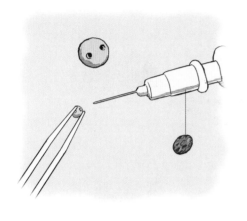

**贝尔的话**

这次事件被称为"雨伞谋杀"。

有毒的植物

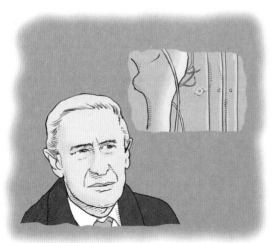

弗拉基米尔·科斯托夫

在马可夫遇刺的 10 天前，另一位保加利亚人弗拉基米尔·科斯托夫也在巴黎被一个拿着小包的男人攻击。他的身体里也发现了同样的小球，但他活了下来，这可能是因为特殊的封口材料在发射时或发射之前就已破损，导致大部分蓖麻毒素没有进入他的身体。

## 相思豆

（危险指数　★★★★★）

相思豆含有和蓖麻毒素非常相似的致命毒素。这种植物起源于印度，在全球的热带和亚热带地区都有分布。世界各地的人都曾将这种美丽的豆子当作首饰的材料，特别是念珠串。天主教徒会在诵念祈祷词时用念珠串计数。据报道，在给豆子打孔做珠串的工人中出现过中毒的案例。购买种子首饰时一定要确保其中没有相思豆。

相思豆做成的项链

## 夹竹桃

（危险指数　★★★★★）

夹竹桃分布广泛，目前还不清楚它们的原产地。这种植物浑身是毒，是毒性最强的常见园林植物。它们的叶片可能会在接触皮肤后引起刺激感，食用之后更是会引起各种不良后果，甚至可以导致死亡。幸好夹竹桃的花朵里没有能够吸引蜜蜂的花蜜，所以蜂蜜受到污染的可能性不大。公园里经常可以见到夹竹桃，它们曾经还被当作包治百病的灵丹妙药。科学家们现在也在研究夹竹桃的提取物有无药用价值。

### 贝尔的话

夹竹桃在日本备受喜爱，因为它们在1945年广岛原子弹爆炸后率先开花。

### 罗马士兵

罗马士兵会用夹竹桃治疗宿醉。

### 普林尼

普林尼是罗马的博物学家，他撰写的百科全书是所有此类书的鼻祖。普林尼笔下的夹竹桃是"可以治疗蛇毒的解药"。

有毒的植物

# 烟草

（危险指数　★★★★★）

　　烟草在全球广泛种植。干燥的烟草叶主要用于吸入。和不吸烟的人相比，吸烟者更容易患上癌症等疾病。烟草里含有尼古丁，这是让烟草具有极高成瘾性的兴奋性物质。

烟草叶

烟草植株

## 贝尔的话

　　尼古丁的成瘾性很强，而且长期吸烟可以置人于死地，所以最好一口都不要尝试。

## 尼古丁中毒

吞食、吸入或碰触尼古丁都有可能造成中毒。虽然尼古丁可以致死，但严重过量的情况非常少见。摄入过量尼古丁的人通常会在中毒 4 小时内死亡。

## 吸烟对身体的影响

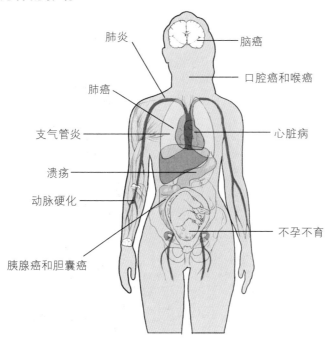

肺炎

脑癌

肺癌

口腔癌和喉癌

支气管炎

心脏病

溃疡

动脉硬化

不孕不育

胰腺癌和胆囊癌

## 烟草萎黄病

这是皮肤接触湿烟草叶引起的尼古丁中毒。患者主要是烟草收割者。有烟瘾的工人发生这种疾病的可能性较低，但罹患其他疾病的可能性则会大大增加。

儿童可能会因为无意中吞食或碰触电子烟中的烟草而受到伤害

## 乌头

（危险指数 ★★★★★）

乌头也被称为"魔鬼的头盔"。它们生长在北半球的山区，含有致命的毒素。这种植物曾是狩猎中制作毒箭的原料。如果剂量足以致死，那么受害者通常会在2—6小时内身亡。毒素很容易通过皮肤吸收，因此，不戴手套处理乌头也会引起中毒。中毒症状包括刺痛和麻木，心脏也会受到影响。无意中食用或碰触了乌头的患者都必须立即接受急救。

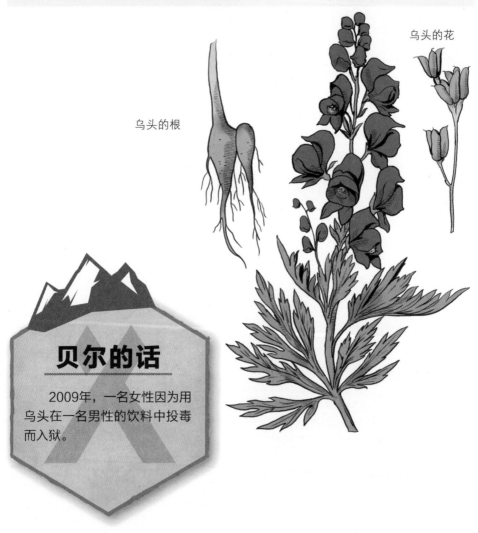

乌头的花

乌头的根

### 贝尔的话

2009年，一名女性因为用乌头在一名男性的饮料中投毒而入狱。

## 毒藤

（危险指数　★★★）

　　亚洲部分地区和北美洲的大部分地区都生长着毒藤。碰触它们的汁液会导致皮疹。毒藤实际上并不是树藤，而是漆树科植物。它们的绿叶会在秋季变红，所以外观会随季节而变化。

有毒的植物

## 金链花

（危险指数　★★★）

这种树含有类似于尼古丁的毒素，而且周身带毒。但危害最大的部分当属种荚，它们还常被人误认成豌豆荚。金链花的毒素很少引起死亡，但食用后可以导致严重胃痛和呕吐。

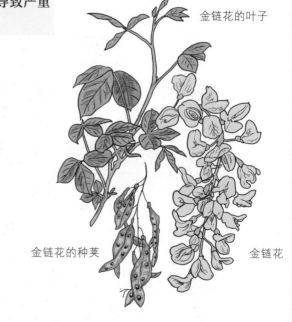

金链花的叶子

金链花的种荚　　　　　金链花

## 贝尔的话

金链花树是圆掌舟蛾的食物，这种蛾子会伪装成桦树枝。

圆掌舟蛾

## 海檬树

（危险指数　★★★★★）

　　这种剧毒植物遍布印度和东南亚，已经导致了多起死亡事件，其中甚至包括谋杀。它们含有可以损害心脏的剧毒，但在体内非常难以发现。毒素位于果仁中。虽然果子味道苦涩，但可以被辣味食物掩盖。

海檬树的果实

## 紫杉

（危险指数　★★★★★）

　　紫杉曾是制作弓的材料。它的很多部位都有毒，包括剧毒的种子。吃下种子的人会在几小时之内死亡，而且死亡之前不会出现症状。因此在没有检测的情况下很难发现中毒。

紫杉果

有毒的植物

29

# 真菌

真菌既不是植物也不是动物，而是一个单独的族群，其中包括酵母、霉菌和蘑菇。据估计，世界上有150万—500万种真菌，而且它们还有很多特性值得研究。有的真菌可以食用和入药，但有些却非常危险，因此，绝对不能随意在野外采摘和食用真菌。

## 贝尔的话

除非你是菌类专家，否则绝不能冒险采蘑菇吃——它们可能是杀人凶手。和蘑菇保持距离！

## 毒鹅膏

（危险指数　★★★★★）

这是世界上最致命的蘑菇之一。它的外形与很多食用菌相似，味道也十分鲜美，但一朵毒鹅膏就足以杀人。毒鹅膏主要出现在秋季，受害者会出现可能致死的严重肝损伤。

# 毁灭天使

（危险指数　★★★★★）

即鳞柄白毒鹅膏菌，这种白色的蘑菇有时候会被人误认成马勃菌或其他食用菌。半朵毁灭天使即可致死，它们的毒素可以引起肝肾衰竭。烹煮也不能破坏毒素。下图展示了会受到毒害的身体部位及症状。

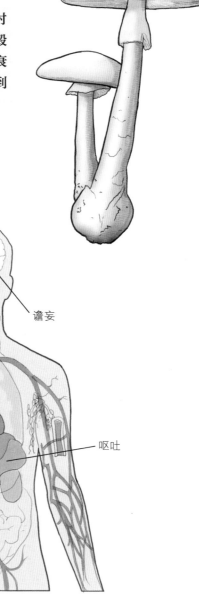

谵妄

肝损伤

肾损伤

呕吐

真菌

## 毒蝇菌

（危险指数　★★★★）

这种蘑菇红底白点，很像动画片里的蘑菇。它们虽然外表可爱，但含有较强的毒素。食用毒蝇菌会造成幻觉（看到根本不存在的东西），甚至深度昏迷。

幻觉可能会造成非常严重的后果

## 杰克南瓜灯

（危险指数 ★★★★）

即发光类脐菇，这种蘑菇生长在欧洲的枯木上，看起来很像可以食用的鸡油菌。它们通常不会致死，但会让食用者感到非常不舒服。

真菌

## 贝尔的话

发现自己食用了毒蘑菇时应该告知大人并马上就医。

鸡油菌

# 过敏

人体对某种食物或物质发生的反应被称为过敏。过敏可以随儿童的成长而消失，但也可在成年后才出现。1/4的人都会在一生中的某个时刻经历过敏。幸运的是，严重过敏非常少见，大部分患者只要小心处理就能控制病情。

花粉颗粒

## 花粉症

这种常见的过敏是由草木的花粉引起的。花粉症可以引起打喷嚏、流鼻涕和眼睛瘙痒。该病在冬季较轻，因为较多降水降低了空气中的花粉水平。目前还没有根治的办法，但可以控制症状。

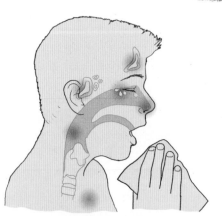

花粉症的症状包括打喷嚏、流鼻涕以及眼睛瘙痒和发红

## 贝尔的话

感觉对某种东西过敏的时候要咨询医生，以便获得合适的建议。

## 如何避免花粉症

如果你是花粉症患者，那么可以参考下列建议来最大限度地减少不良反应：

★ 备用药物一定要随身携带，并严格按照说明使用。外出的时候千万不要忘记它们。

★ 徒步旅游或散步之前先查看花粉指数。

★ 如果花粉症病情严重，那就应该远离草地和在割草的人，还应在花粉指数较高的时候考虑推迟露营之旅。

★ 使用有护目镜功能的眼镜，以免花粉进入眼睛。

★ 可能的话，出门之后要洗澡并更换衣服。

★ 关闭车窗。

★ 定期打扫和吸尘，湿抹布比干抹布更适合去除花粉。

★ 感觉不适的时候告知大人。

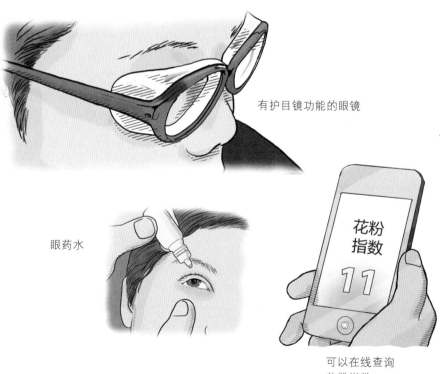

有护目镜功能的眼镜

眼药水

花粉指数 11

可以在线查询
花粉指数

过敏

## 食物过敏

　　坚果、水果、贝类、鸡蛋和牛奶都是常见的食物过敏源。过敏反应通常比较轻微，但严重时可能会危及生命。食物过敏可以导致肿胀、皮疹、呕吐，或口腔、喉咙、耳朵发痒。全身性过敏反应的患者有性命之忧，症状包括呼吸困难、头晕目眩和意识丧失。一些食物过敏患者会随身携带肾上腺素自动注射笔，可以用来急救。

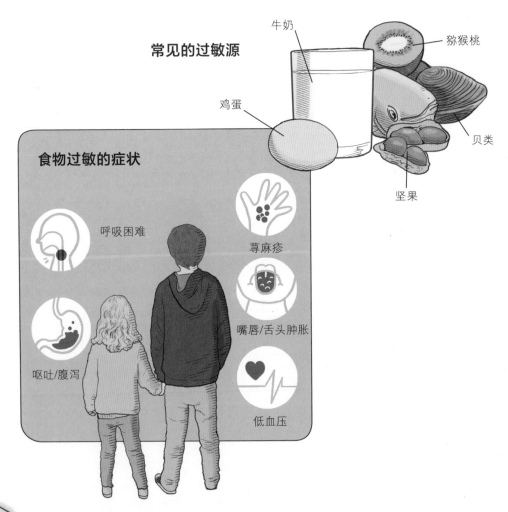

**常见的过敏源**

牛奶

猕猴桃

鸡蛋

贝类

坚果

**食物过敏的症状**

呼吸困难

荨麻疹

嘴唇/舌头肿胀

呕吐/腹泻

低血压

## 食物过敏的急救

食物过敏的患者避免食用已知会造成伤害的食物以预防过敏。下面列出了几条可以帮助过敏患者的小窍门：

★ 即使症状轻微或已经消退，也要向大人求助或寻求医疗帮助。

★ 打急救电话，告诉接线员有人发生了严重的过敏反应，并说明你认为哪种东西是过敏源。

★ 患者有肾上腺素自动注射笔等药物时应帮助他们用药。

★ 让患者舒服地坐下，身体稍往前倾，以便呼吸。

★ 患者失去意识时应为他们清除气道中的异物并检查呼吸情况。

★ 患者停止呼吸时实施 CPR（心肺复苏术），直至医生赶到现场。

肾上腺素自动注射笔

手机和充电宝

## 防止野外过敏

打算去户外旅游时，请遵循下列注意事项，以确保安全：

★ 可能的话携带充好电的手机和充电宝。

★ 一定要将路线和计划回家的时间告知他人，以便发生状况时有人帮忙。不要独自出游。

★ 不要食用和碰触不熟悉的东西。

★ 时常洗手。

★ 确保足量携带了所有必需的药物。

★ 有人感到不适时立刻寻求帮助。

★ 确保其他人都知道同伴的过敏病史和急救方法。

过敏

# 食肉植物

食肉植物会通过捕食动物来获得营养，它们的猎物一般是昆虫。

## 五大捕猎方式

★ 食肉植物通常都有黏糊糊的表面，以便粘住碰触表面的昆虫。

★ 更高明的食肉植物能创造出更讲究的陷阱，比如袋状陷阱（见右页）。它们的叶片形似杯子或罐子，边缘的表面可能很滑溜，而陷阱内部具有黏性，甚至可能有用来淹死昆虫的液体。

★ 龙虾笼式陷阱也很复杂。螺旋狸藻等植物具有昆虫很容易发现的外部入口，但猎物进入之后就很难再找到出路。这种技巧的迷惑性很强，人类也会用类似的陷阱来捕捉龙虾，于是这种结构也被称为龙虾笼。

★ 部分食肉植物的叶片上具有极为敏感的刺毛，它们通过刺毛感觉到昆虫在碰触叶片的时候就会猛地合上叶片。这种陷阱叫作"夹闭陷阱"，可谓名副其实。

★ 最后一种陷阱是捕虫囊，堪称植物界最精妙的捕食器。使用捕虫囊的植物通过泵出水分来增加袋内的压力，以便将猎物吸入袋子。感觉到昆虫之后，它们就会迅速撑开捕虫囊，并用内部蓄积的压力吸入昆虫。

夹闭陷阱

## 阿滕伯勒的猪笼草

这种猪笼草得名于英国博物学家和节目主持人大卫·阿滕伯勒爵士，发现于菲律宾。

### 贝尔的话

猪笼草有时也被称为"猴子杯"，因为猴子会喝植物袋子里的汁液。

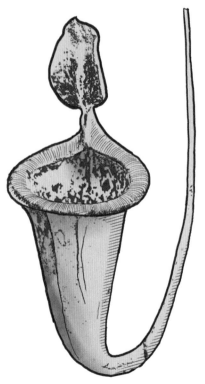

食肉植物

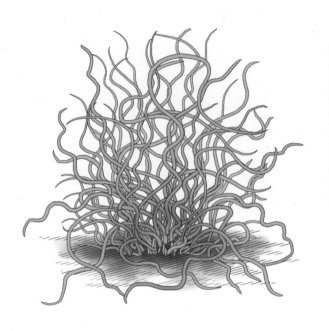

## 螺旋狸藻

这种具有龙虾笼结构的植物生长在非洲、中美洲和南美洲。它们螺旋状的陷阱位于地下，实际上是叶片而不是根部。它们会捕食微小的单细胞生物，即原生动物。

## 捕蝇草

捕蝇草可能是最著名的食肉植物。它们会捕捉昆虫和蜘蛛，但要在"感觉到"对方的挣扎之后才会开始消化。它们还可以敏感地区分雨水和猎物。陷阱边缘的毛发状结构可以阻止较大的猎物逃跑，但可以放走没有捕猎价值的小猎物。

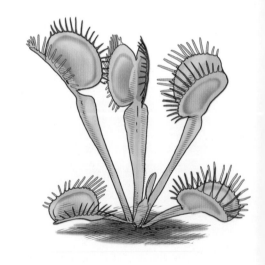

## 捕虫囊植物

狸藻在除南极洲外的大陆上都十分常见。它们通常以地下或水面上的小生物为食，会在猎物擦过刺毛的时候将对方吸入。这种植物生长在非常潮湿的土壤中，或者池塘和溪流里。

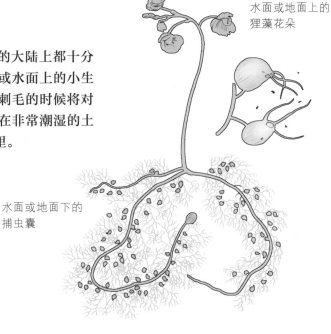

水面或地面上的狸藻花朵

水面或地面下的捕虫囊

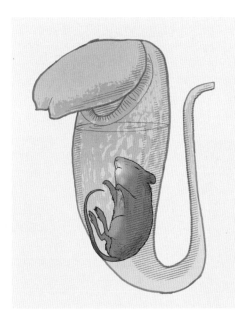

令人欣慰的是，食肉植物虽然看起来很可怕，但对人类没有威胁。大型袋状陷阱中最大的猎物不过是大鼠，即使是这样的猎物对它们而言都极为罕见。

# 可以入药的植物

植物入药的历史已有数千年。现代科学的发展让我们能够更深入地了解植物对人类的益处和害处。有些老药方今天依然有用，但也有很多药方已被现代药物所取代。

## 古埃及人

《埃伯斯伯比书》等古代医药文献的翻译让我们对古埃及的医药知识有了深入了解。古埃及人会在发热和头疼时嚼柳树皮，而治疗发热和头疼的现代药物阿司匹林就含有柳树皮中的一种化学物质。

古埃及的医学文献

## 毛地黄

（危险指数　★★★★）

即使是少量的毛地黄也有毒性，它们会减慢心率并引起呕吐。不过现代医学已经能够安全地使用毛地黄提取物治疗某些心脏病，比如充血性心力衰竭。

### 贝尔的话

头疼的时候绝对不能嚼柳树皮。要及时告诉大人，让他们来决定治疗措施。

可以入药的植物

## 长春花

（危险指数 ★）

在 20 世纪 60 年代时，儿童期白血病（一种癌症）患者的生存率约为 10%，而现在已经达到 90% 以上。这主要归功于长春花，人们在其中发现了可以治疗癌症的化学物质，这也是 20 世纪最重大的医学突破之一。

亚历山大·弗莱明

## 来自真菌的抗生素

虽然真菌不属于植物界，但非常重要，因此也放在本章之中。1929 年，苏格兰科学家亚历山大·弗莱明在为伤口感染寻找疗法的过程中做出了现代医学中最重大的发现之一。在一块实验用的琼脂板（特殊的玻璃皿）上，亚历山大发现一块真菌的周围没有细菌生长。这是一项了不起的发现，因为细菌正是引起伤口感染的元凶。另外两位英国科学家也合力从真菌中分离出了有效成分，并依靠它们在第二次世界大战以及以后的岁月中挽救了无数生命。他们发现的药物便是青霉素。这三位科学家因此共同获得了 1945 年的诺贝尔奖。

# 奎宁

（危险指数　★）

感染疟疾的蚊子叮人之后会向人类传播疟疾。每年都有数亿人感染疟疾，该病在赤道附近的热带地区相当常见。疟疾可以引起严重症状，但可以使用金鸡纳树（也称为发烧树）树皮中的奎宁进行治疗。人们还不是非常清楚奎宁的作用机制。

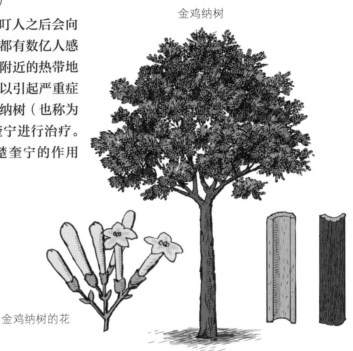

金鸡纳树

金鸡纳树的花

金鸡纳树的树皮

水仙球茎

# 水仙

（危险指数　★★）

阿尔茨海默病会引起痴呆，而一种利用水仙球茎开发的药物可能会在未来成为该病的克星。科学家们正在研究这种新药。

可以入药的植物

桂图登字: 20-2016-331

## 图书在版编目（CIP）数据

野外常见致命植物 /（英）贝尔·格里尔斯著；邢立达译. —南宁：接力出版社，2017.11
（荒野求生技能手册）
书名原文：Dangerous Plants
ISBN 978-7-5448-5125-1

Ⅰ.①野… Ⅱ.①贝…②邢… Ⅲ.①野生植物—少儿读物 Ⅳ.①Q949-49

中国版本图书馆CIP数据核字（2017）第241612号

责任编辑：车 颖 袁怡黄 美术编辑：林奕薇
责任校对：刘艳慧 责任监印：刘 冬 版权联络：王燕超
社长：黄 俭 总编辑：白 冰
出版发行：接力出版社 社址：广西南宁市园湖南路9号 邮编：530022
电话：010-65546561（发行部） 传真：010-65545210（发行部）
http：//www.jielibj.com E-mail：jieli@jielibook.com
经销：新华书店 印制：北京瑞禾彩色印刷有限公司
开本：710毫米×1000毫米 1/16 印张：3 字数：50千字
版次：2017年11月第1版 印次：2022年11月第2次印刷
印数：30 001—33 000册 定价：19.50元